Morphologische und physi

ta
ay
o-
ri)

Sefawdin Berta
Habtamu Kassay

Morphologische und physikochemische Eigenschaften des Kabo-Sees (Buryi)

ScienciaScripts

Cover image: www.ingimage.com

This book is a translation from the original published under ISBN 978-3-659-79613-5.

Publisher:
Sciencia Scripts
is a trademark of
Dodo Books Indian Ocean Ltd. and OmniScriptum S.R.L publishing group

120 High Road, East Finchley, London, N2 9ED, United Kingdom
Str. Armeneasca 28/1, office 1, Chisinau MD-2012, Republic of Moldova, Europe

ISBN: 978-620-8-32583-1

INHALTSANGABE:

ABKÜRZUNGEN

BOD	Biological oxygen demand,
COD	Chemical oxygen demand
DO	Dissolved oxygen
Plc	Private Limited Company
EC	Electrical conductivity
TDS	Total Dissolved Solids
TSS	Total Suspended solid
SS1	Sampling station one
SS2	Sampling station two
SS3	Sampling station three
SS4	Sampling station four

ABKÜRZUNGEN

FAO	Food and Agricultural Organization
PH	Power of Hydrogen
USEPA	United States Environment Protection Authority
WHO	World Health Organization

ABSTRACT

Die vorliegende Studie wurde objektiv durchgeführt, um den kritischen Grund für das Fischsterben zu ermitteln, indem physikalisch-chemische und biologische Aspekte des Kabo-Sees analysiert wurden. Der See ist von einem Hang umgeben, der mit einer Vielzahl von natürlichen Wäldern bedeckt ist. Die Proben wurden während zehn Monaten, von Oktober 2013 bis August 2014, an vier Probenahmestellen am See entnommen. Es wurden vier Probenahmestellen am See ausgewählt und kodiert. Die Proben wurden jeden Monat gesammelt ( ) und die Daten wurden mit SPSS Version 16 analysiert. Die Experimente wurden sowohl vor Ort als auch im Labor durchgeführt. Die analysierten Ergebnisse wurden mit den von der WHO, FAO, BIS und anderen Referenzmaterialien vorgeschriebenen Grenzwerten verglichen. Die maximale Tiefe des Sees wurde während des Untersuchungszeitraums mit 20,5 m festgestellt. Parameter wie PH (6,1-8,7), TDS (60251,3 mg/l) und Gesamtalkalität (101-195 mg/l) stimmten mit den von der WHO (1993) und BIS (1991) für Fische und Wasserlebewesen vorgeschriebenen Grenzwerten überein, während DO (2,8-4,7 mg/l) und $T°$ (1825^0 C) unter den angegebenen Grenzwerten lagen. Der plötzliche Tod von Tilapia-Fischen im See, der mit zunehmender Größe auftrat, war auf die geringen und stark schwankenden Werte des DO zurückzuführen. Die Studie kommt zu dem Schluss, dass Tilapia kritische Probleme mit einem DO-Wert von weniger als 3 mg/l und weniger nährstoffreichem Wasser tolerieren können. Weniger als erwartete Konzentrationen von Kalzium und Chlorid, die im See gefunden wurden, sind wahrscheinlich die Ursache für die Geschmacklosigkeit der gebratenen Fische. Der See sollte gut bewirtschaftet werden, um die physikalisch-chemischen Eigenschaften des Sees zu verbessern, damit er mehr Leben aufnehmen kann.

Schlüsselwörter: Kabo-See, PH, physikochemisch

Danksagung

Das Forschungsteam des Fachbereichs Biologie und Chemie der Universität möchte dem regionalen Bodenlabor, das die Durchführung der Laborexperimente ermöglichte, seinen tief verwurzelten Dank aussprechen. Wir sind unserer Universität dankbar, dass sie das Team finanziell unterstützt hat und während des gesamten Zeitraums dieser Forschung fest hinter uns stand. Darüber hinaus wäre die Aufgabe ohne die direkte Genehmigung der Green Coffee Real State Plc. unmöglich gewesen. Es ist auch nicht unangebracht, der Verwaltung der Majang-Zone für die Bereitstellung von Vorabinformationen zu danken.

KAPITEL 1

EINFÜHRUNG

Die meisten Gewässer sind für die Fischproduktion geeignet, und jede ungünstige Umweltbedingung stört das Leben im Wasser im Allgemeinen und das der Fische im Besonderen, obwohl die Fischarten unterschiedliche Toleranzen gegenüber verschiedenen Wasserqualitätsparametern aufweisen (Shinde Deepak und Ningwal Uday Singh, 2014). Die physiochemischen Eigenschaften des Wassers sind wichtige Determinanten des aquatischen Systems. Ihre Eigenschaften werden stark von der klimatischen Vegetation und der allgemeinen Zusammensetzung des Wassers beeinflusst. Diese Untersuchung wurde in der Region Gambela, Zone Majang, Godere worada, Gubeti kebele, Äthiopien durchgeführt. Der Kabo-See ist ein kleiner, runder und natürlicher See. Er befindet sich etwa 651 km von Addis Abeba und 40 km von der Stadt Tepi entfernt. Der See liegt sehr weit vom Zentrum entfernt und wird von der Regierung nicht beachtet. Die Einheimischen profitieren vom See durch die Fischerei. Wir sind auf verendete Fische gestoßen, die auf dem See schwammen, und sind daran interessiert, mögliche Probleme des Sees zu identifizieren. Die physikalisch-chemischen Eigenschaften des Wassers haben einen direkten Einfluss auf das Überleben, das Wachstum, die Fortpflanzung und die Verbreitung der Fische. Ungeeignete Umwelteigenschaften beeinträchtigen das Leben der Fische (Deepak und Singh, 2014). Die Wasserqualität ist daher ein unverzichtbarer Faktor, der bei der Planung der Fischzucht berücksichtigt werden muss (Mallya, 2007). Die Chemie natürlicher Oberflächengewässer ist komplex und basiert auf dem Gleichgewicht, das mit den normalen physikalischen, chemischen und biologischen Eigenschaften der Umgebung erreicht wird (Bronmark und Hansson, 2005). Daher wurde die vorliegende Studie durchgeführt, um erstmals Informationen über die physikalisch-chemischen Parameter des Wassers im Kabo-See zu erhalten und den Grund für das plötzliche Fischsterben herauszufinden. Das Ergebnis dieser Studie kann also primäre Daten über den See für weitere wissenschaftliche Studien liefern, dazu beitragen, die nachhaltige Bewirtschaftung des Sees und die Überwachung der Wasserqualität des Sees zu erweitern, die Probleme des Sees aufzuzeigen und entsprechend zu empfehlen und mögliche Lösungen aufzuzeigen.

1.1 Ziel der Studie

Da der See zuvor nicht untersucht wurde, zielte diese Studie darauf ab, den See zu charakterisieren und den Grund für das plötzliche Fischsterben zu ermitteln. Um dieses Ziel zu erreichen, wurden die monatlichen Veränderungen der Wasserqualitätsparameter wie morphometrische Merkmale, physikochemische und indirekte biologische Parameter über 10 Monate des Jahres von Oktober 2013 bis August 2014 untersucht.

1.2 Zielsetzung der Studie

1.2.1 Allgemeines Ziel

Das allgemeine Ziel dieser Untersuchung ist die Analyse der physikalisch-chemischen Eigenschaften des Kabo-Sees als Referenz für die Fischaufzucht.

1.2.2 Spezifische Zielsetzungen der Studie

1. Bewertung der Wasserqualität des Sees durch Analyse einiger ausgewählter Wasserqualitätsparameter

2. Vergleich der Ergebnisse mit nationalen und internationalen Grenzwerten für Fische und Wasserlebewesen.

3. Empfehlungen zur Qualität des Sees geben

4. Finden Sie mögliche Gründe für das plötzliche Fischsterben und die Geschmacklosigkeit des Fisches heraus.

1.3 Problemstellung

Jeder Bürger ist verpflichtet, seine natürlichen Ressourcen direkt oder indirekt zu verwalten und zu kontrollieren. In letzter Zeit werden Gewässer als Mittel zur nachhaltigen Entwicklung unseres Landes betrachtet, aber es gibt keinen greifbaren Grund, warum dieser See so sehr in Vergessenheit geraten ist. Es gibt keine Untersuchungen über den Kabo-See, die sich mit seinem spezifischen Zweck oder seinen Eigenschaften befassen. In dieser Studie wird zum ersten Mal versucht, die physikochemischen und biologischen Eigenschaften des Kabo-Sees zu bewerten und den See anhand einiger Parameter für die Fischerei zu beurteilen. Der See dient den Menschen als Erholungsgebiet und Einkommensquelle durch die Fischjagd. Die Produktivität des Sees für Fische ist jedoch begrenzt. Daher ist diese Studie sehr wichtig, um die Probleme zu erkennen, die die Fischproduktion verringern.

1.4 Einschränkung der Studie

Die Studie konnte aufgrund finanzieller Probleme keine mikrobiologische Untersuchung der Wasserqualität des Sees umfassen.

2. LITERATURÜBERBLICK

Es ist inzwischen allgemein anerkannt, dass aquatische Lebensräume nicht einfach als Wasserreservoirs betrachtet werden können, die Wasser für menschliche Aktivitäten liefern. Vielmehr handelt es sich bei diesen Lebensräumen um komplexe Matrizen, die eine sorgfältige Nutzung erfordern, um ein nachhaltiges Funktionieren der Ökosysteme auch in Zukunft zu gewährleisten (Genevieve M. und Jems P., 2008). Eine bestimmte Wasserqualität wird durch den Vergleich der physikalischen und chemischen Eigenschaften einer Wasserprobe mit Wasserqualitätsrichtlinien oder -standards bestätigt.

Umweltfaktoren beeinflussen nicht nur die Qualität der Fische, ihre Verteilung, ihre Lebensgemeinschaften und ihre saisonalen Wanderungen. Um den Energieaufwand für das Überleben zu verringern, bevorzugen Organismen in der Regel Gebiete, die ihre physiologischen Prozesse optimieren (K.R. Matthews, 1990). Die Wasserqualität ist daher eine wichtige Bedingung, die die Lebensbedingungen von Fischen bestimmt. Sie kann ein Indikator für gute und schlechte Lebensbedingungen für jeden Fisch sein. Gute und optimale Wasserbedingungen fördern das Wachstum und die Fortpflanzung der Fische und verringern ihre Anfälligkeit für Krankheiten oder Stress im Allgemeinen (J.E.Rakocy, A.S.McGinty,1989). Die Erhaltung eines gesunden aquatischen Ökosystems hängt von den physikochemischen Eigenschaften und der biologischen Vielfalt ab (Venkatesharaju et al., 2010).

Die Temperatur hat einen erheblichen Einfluss sowohl auf die biologischen Funktionen der Wasserorganismen als auch auf andere physikalisch-chemische Parameter (Beadle, 1981; Huet, 1986; Lowe McConnell, 1987; Colman et al., 1992; Boyd, 1998). Kasangaki et al. (2008) stellten fest, dass Temperatur, pH-Wert und Wassertransparenz zu den wichtigsten Faktoren gehören, die die Zusammensetzung der benthischen Makroinvertebraten bestimmen. In den meisten tropischen Gewässern wachsen die Arten am besten bei Temperaturen zwischen 20° C und 32° C, und die Wassertemperaturen bleiben im Allgemeinen ganzjährig in diesem Bereich (Lowe-McConnell, 1987; Boyd, 1998).

2.1 Wasserqualität

Wasserqualität ist ein Begriff, der die chemischen, physikalischen und biologischen Eigenschaften des Wassers im Hinblick auf seine Eignung für eine bestimmte Nutzung beschreibt. Wasser ist die Kulturumgebung für Fische und andere Wasserorganismen. Es ist die physikalische Grundlage, auf der sie ihre Lebensfunktionen wie Fressen, Schwimmen, Brüten, Verdauung und Ausscheidung ausüben. Die Chemie natürlicher Oberflächengewässer ist komplex und basiert auf dem Gleichgewicht, das mit den normalen physikalischen, chemischen und biologischen Eigenschaften der Umgebung erreicht wird (Bronmark und Hansson, 2005). Die Süßwasserknappheit gehört zu den dringlichsten ökologischen Herausforderungen dieses Jahrhunderts.

Die Wasserqualität ist die Gesamtheit der physikalischen, biologischen und chemischen Parameter, die das Wachstum und das Wohlergehen von Organismen beeinflussen. Die Wasserqualität ist daher ein unverzichtbarer Faktor, der bei der Planung der Fischproduktion berücksichtigt werden muss (Mallya, Y, 2007). Sie ist neben einer guten Fütterung einer der wichtigsten Faktoren in der Fischproduktion. Jedes Gewässer ist ein potenzielles Medium für die Produktion von aquatischen Organismen. Heutzutage sind Süßwasser und andere Wasserkörper für einen wachsenden Anteil der weltweiten aquatischen Nahrungsmittelproduktion verantwortlich.

Grundwasser deckt mehr als 80 % der ländlichen und 50 % der städtischen Bevölkerung, den häuslichen Bedarf und 50 % des Bewässerungsbedarfs in der Landwirtschaft ab. Etwa zwei Fünftel der landwirtschaftlichen Produktion Indiens stammen von Flächen, die durch Grundwasser bewässert werden. Ziel dieser Studie ist die Bewertung der Grundwasserqualität und ihrer Eignung als Trinkwasser.

2.2 Physikalisch-chemische Parameter von Süßwasser

Das Verständnis der physikalischen, chemischen und biologischen Eigenschaften eines Sees oder eines anderen Gewässers ist von entscheidender Bedeutung, um seinen Zustand zu bestimmen und fundierte Entscheidungen zur Bewirtschaftung von Seen zu treffen (Tushar K. G., 2012). Die Wechselwirkungen zwischen den physikalischen und chemischen Eigenschaften des Wassers spielen eine wichtige Rolle bei der Zusammensetzung, Verteilung, Häufigkeit, Bewegung und Vielfalt von Wasserorganismen. Um den Energieaufwand für das Überleben zu minimieren, bevorzugen Arten in der Regel Lebensraumbedingungen, die ihre physiologischen Prozesse optimieren (Matthews, 1990).

Tabelle 1. Trinkwassernormen der WHO (1963), BIS (1991) und ICMR (1975)

Parameters	WHO	BIS	ICMR
pH	6.5 -8.5	7-8	7-8.5
E.C.	300	300	300
Total Hardness	500	500	300
Calcium Hardness	75	75	75
Magnesium	50	50	50
Chloride	200	200	250-1000
Alkalinity	75	---	---
D.O	4-6 ppm	4-6 ppm	4-6 ppm

2.2.1 Physikalische Faktoren, die die Wasserqualität beeinflussen

Die physikalischen Eigenschaften eines Gewässers spielen eine große Rolle für die Produktivität und das Wachstum von Wasserorganismen. Alle Wasserorganismen, einschließlich der Fische, benötigen eine optimale Menge an physikalisch-chemischen Parametern. Diese Parameter bestimmen die Arten von Leben, die in den Gewässern überleben. Es gibt eine Reihe von Parametern, die definiert werden müssen, wenn die Wasser- oder Seequalität für ein begrenztes aquatisches Leben wie Fische untersucht wird.

2.2.1. 1PH

Das Leben und das Wachstum der Fische hängen vom pH-Wert des Wassers ab. Der geeignete pH-Bereich für die Fischzucht liegt zwischen 6,7 und 9,5. Laut B. Santhosh und N. Singh (2007) liegt der ideale pH-Wert für das Wachstum von Fischen im Bereich von 7,5 bis 8,5. Ein Wert darüber oder darunter ist für die Fische belastend. Jeder Bachorganismus ist an einen bestimmten pH-Bereich angepasst. Ein niedriger pH-Wert beeinträchtigt die physiologischen Funktionen von Wasserlebewesen durch die Verringerung der Enzymaktivität und -wirksamkeit. Ein pH-Wert von weniger als

6,5 Einheiten kann für viele Fischarten schädlich sein. Daher wäre der pH-Bereich von 6,5 bis 9,0 Einheiten für den Schutz aquatischer Lebensräume geeignet. Der für die Fischerei geeignete pH-Bereich liegt zwischen 5,0 und 9,0, wobei 6,5 bis 8,5 vorzuziehen sind (Aninomy, 2001). Algen benötigen einen pH-Wert von etwa 7 und ein etwas niedrigerer (alkalischer) pH-Wert von 6,5 begünstigt ein gutes Zooplankton (winzige Tiere im Teichwasser, von denen sich die Fische ernähren) und Fischwachstum (Viveen et al., 1985).

Auch der pH-Wert kann die Gesundheit der Fische beeinflussen. Für die meisten Süßwasserarten ist ein pH-Bereich zwischen 6,5 und 9,0 ideal, aber die meisten Meerestiere können in der Regel keinen so breiten pH-Bereich wie Süßwassertiere tolerieren, so dass der optimale pH-Wert normalerweise zwischen 7,5 und 8,5 liegt (Boyd, 1998). Unterhalb eines pH-Werts von 6,5 zeigen einige Arten ein langsames Wachstum (Lloyd, 1992). Bei einem niedrigeren pH-Wert ist die Fähigkeit des Organismus, seinen Salzhaushalt aufrechtzuerhalten, beeinträchtigt (Lloyd, 1992) und die Fortpflanzung wird eingestellt. Bei einem pH-Wert von etwa 4,0 oder weniger und einem pH-Wert von 11 oder mehr sterben die meisten Arten (Lawson, 1995). Tabelle 1 zeigt die Auswirkungen verschiedener pH-Werte auf Warmwasserteichfische, während Tabelle 2 den empfohlenen Wert für die Produktion von Salmoniden in Aquakulturen angibt.

Tabelle 2. Der Einfluss des pH-Wertes auf das Fischwachstum

		Fish growth		
death	slow growth	good growth	slow growth	death
pH 4	5 6	7 8	9 10	11

pH-Wert für Fischwachstum (Viveen et al., 1985)

Der PH-Wert des Wassers steigt tagsüber an, da die Menge der Kohlensäure reduziert wird; andererseits steigt die Konzentration des gelösten Sauerstoffs tagsüber an. Nachts steigt der Kohlendioxidgehalt, was zu einer Verringerung des pH-Werts führt, und der Gehalt an gelöstem Sauerstoff sinkt ebenfalls (Svobodová, Z. etal, 1993).

2.1.1.1 Die Temperatur

Die Temperatur ist der wichtigste Parameter für das Überleben der Fische während ihres gesamten Lebens. Die Kenntnis der maximalen und minimalen Wassertemperatur des Gewässers ist für die Auswahl eines geeigneten Verfahrens für die Fischzucht unerlässlich. Sie ist spezifisch für bestimmte Fischarten oder Wasserlebewesen. Die geeignete Wassertemperatur für die Karpfenzucht liegt z. B. zwischen 24 und 30^0 C. Ein Temperaturanstieg kann Stress verursachen und die Tiere Krankheiten aussetzen (Join, B. 2004).

2.1.1.2 Klarheit des Wassers (Transparenz)

Die Transparenz von Teich- oder Seewasser variiert von fast Null (bei sehr trübem Wasser) bis zu sehr klarem Wasser und hängt von der Wassertrübung ab, d. h. der Menge an Schwebstoffen (Algen, Bodenpartikel usw.) im Wasser. Die Wassertransparenz kann mit der Secchi-Scheibe bestimmt werden. Die Secchi-Scheibe ist eine ganz weiße oder schwarz-weiße Metallscheibe, die leicht von Hand hergestellt werden kann. Die Scheibe ist an einer Schnur befestigt, die alle 5 cm entlang ihrer Länge markiert ist (Assiah van Eer, et al., 2004). Trübung ist die durch Schwebstoffe und Phytoplankton verursachte verminderte Fähigkeit des Wassers, Licht durchzulassen. Eine Secchi-Scheibentransparenz von 30 bis 40 cm zeigt die optimale Produktivität des Sees an, 50 cm sind hoch. Algen, mikroskopisch kleine Wassertiere, die Wasserfarbe und Schwebstoffe behindern die Lichtdurchlässigkeit und verringern die Klarheit des Wassers. Daher gilt die Secci-Transparenz als indirektes Maß dafür, wie viel Algen und Sediment sich im Wasser befinden (Tushar K. et al., 2012). Trübes Wasser kann das Sonnenlicht davon abhalten, die Wasserpflanzen zu erreichen. Das Fehlen von Vegetation führt dazu, dass das Sediment aufgewirbelt wird und das Sonnenlicht das weitere Wachstum behindert, wodurch die Zufriedenheit des Teichs/Sees sinkt (Tushar K. G., 2012).

2.1.2 Chemische Faktoren, die die Wasserqualität beeinflussen

2.1.2.1 Gelöster Sauerstoff

Die wichtigste Quelle für Sauerstoff ist das Phytoplankton im Wasser und die einfache Diffusion aus der Atmosphäre bei Wind. Daher nimmt die Löslichkeit von Sauerstoff sowohl mit steigender Temperatur als auch mit zunehmendem Salzgehalt ab. Der

Haupteintrag von Sauerstoff in einen Fluss oder See erfolgt durch "Wiederbelüftung" durch Diffusion von Sauerstoff über die Luft-Wasser-Grenzfläche. Cypriniden haben einen geringeren Bedarf als andere Fischarten; sie können in Wasser mit einem Sauerstoffgehalt von 6 bis 8 mg/l erfolgreich sein und zeigen nur dann Anzeichen von Erstickung, wenn die Sauerstoffkonzentration auf 1,5 bis 2,0 mg/l sinkt. Eine Erhöhung der Wassertemperatur von 10 auf 20°C verdoppelt den Sauerstoffbedarf; ein höheres Gesamtgewicht der Fische pro Volumeneinheit Wasser kann zu erhöhter Aktivität und erhöhter Atmung als Folge von Überbelegung führen (Svobodová, Z. etal, 1993). Tilapia-Fische bevorzugen einen Sauerstoffgehalt von mehr als 5 mg/l und tolerieren einen Sauerstoffgehalt von 3-4 mg/l (Lloyd, R. 1992).

Die Sauerstoffverarmung kann aus verschiedenen Gründen auftreten. Situationen, die typischerweise mit Sauerstoffmangel in Verbindung gebracht werden, sind: heiße, bewölkte und windstille Tage; Teich- oder Seeschichtung, gefolgt von Umwälzungen (die Vermischung geschichteter Schichten, die sich während des Sommers in Teichen oder Seen oder Seen mit einer Tiefe von 8 Fuß oder mehr entwickeln); nach einem plötzlichen Absterben der Algenblüte (aus natürlichen Gründen oder nach einer chemischen Anwendung); und Zersetzung organischer Abfälle (Sauerstoffmangel tritt bei Vorhandensein von übermäßigem organischem Material aus Abfallprodukten, wie z. B. nicht gefressenem Futter, auf). Wann immer der Sauerstoffgehalt unter 3 bis 4 ppm fällt, kommt es zu Sauerstoffstress. Ein Mangel an ausreichend gelöstem Sauerstoff ist die Hauptursache für Fischsterben ((Tushar K. G., 2012).

Die meisten Seen haben ein großes Becken mit einer Zone mit sauerstoffarmem Wasser im Sommer. Diese Zone bestimmt die Tiefe, in der der gelöste Sauerstoff weniger als 0,5 ppm beträgt. Diese Tiefe wird daher als "kritische Tiefe" bezeichnet, da unterhalb dieser Tiefe kein Zooplankton vorkommt. Das Einholen des Planktonnetzes sollte in dieser Tiefe beginnen. Einige Seen mit größerer Tiefe oder geringerer Produktivität (oligotroph) enthalten im Sommer noch etwas gelösten Sauerstoff im Bodenwasser. (Merle G. Galbraith, Jr. und James C. Schneide, 2000).

Unter den gelösten Gasen spielt der gelöste Sauerstoff die entscheidende Rolle für die Wasserqualität. Er ist entscheidend für die Atmung von Wasserorganismen (Colman et al., 1992). Daher ist der gelöste Sauerstoff einer der entscheidenden Faktoren für das Überleben und das Wachstum von Wasserorganismen.

2.1.2.2 Alkalität

Die Alkalinität ist die Gesamtsumme der Ionen, die reagieren, um Wasserstoffionen zu neutralisieren, wenn dem Wasser eine Säure zugesetzt wird. Der ideale Wert für Fische liegt bei 50-300 mg/l (Santhosh, B. und Singh, P. 2007).

2.1.2.3 Elektrische Leitfähigkeit

EC ist die Fähigkeit einer Substanz, einen elektrischen Strom zu leiten, gemessen in Mikrosiemens pro Zentimeter (pS/cm). Die im Wasser enthaltenen Ionen bestimmen die EC-Fähigkeit. Die Leitfähigkeit ist auch ein Indikator für die Menge der gelösten Salze in einem Fluss. Die Leitfähigkeit wird häufig zur Schätzung der TDS-Menge verwendet, anstatt jeden gelösten Bestandteil einzeln zu messen.

2.1.2.4 Schwebende Feststoffe

Schwebstoffe können die Sicht beeinträchtigen, so dass es für Fische schwierig ist, Beute zu finden. Feststoffe können auch die Kiemen von Fischen verstopfen und Makroinvertebraten wie Insekten ersticken. Der Calcium-Ca++-Gehalt des Süßwassers im Mod Sagar Reservoir schwankt zwischen 18,0 und 33,2 mg/l (Shinde Deepak und Ningwal Uday Singh, 2014). Dieser Wasserkörper kann als "kalziumreiches" Wasser eingestuft werden, das mehr als 25 mg/1 enthält (Nadeem S. 1994). Nach Jhingran sind Weichwasserseen im Allgemeinen ärmer an aquatischer Flora und Fauna (Jhingran, 1988).

Laut Shinde Deepak und Ningwal Uday Singh (2014) schwankt der Chloridgehalt (cl-) des Mod Sagar Reservoirs zwischen 22 und 36 mg/l. Süßwasser enthält normalerweise 8,3 mg/l Chlorid (Ohle W., 1934).

Nach Swarnalatha N. und Rao A.N., 1998 und Quality Criteria for Water, U.S., 1986, beträgt der empfohlene Gesamtphosphat-/Phosphorwert für Flüsse und Bäche 0,1 mg/l. Ein Mangel an Phosphat kann ein guter Grund für eine schlechte Produktivität des Wassers sein. Natürliche Gewässer mit einem Phosphorgehalt von mehr als 0,2 ppm

13

Po4 sind wahrscheinlich recht produktiv (Jhingran V.G.1988).

Shinde Deepak und Ningwal Uday Singh (2014) stellten fest, dass die Nitratwerte des Wassers im Mod Sagar Reservoir zwischen 0,23 mg/l und 0,98 mg/l liegen. Basierend auf den von Swarnalatha N. und Rao A.N., 1998, vorgeschlagenen Kriterien und den Qualitätskriterien für Wasser, USA, 1986, haben Nitratstickstoffwerte unter 90 mg/l keine Auswirkungen auf Warmwasserfische.

Tabelle 3 Tabelle der für die Süßwasseraquakultur relevanten Wasserqualitätsnormen/Kriterien

Parameter	Unit	Australia	Brunei	Kenya	Malaysia	New Zealand	Norway	philippines	Desirable/fresh
pH		5.0 - 9.0	6.9	5.0 - 9.0	6.5-9.0	5.0 - 9.0	6.5-9.0	6.5 - 8.5	6.5-9
DO	mg/L	> 5.0	-	3.0 - 7.0	> 5.0	>6	5.0	-	> 5.0-6.0
NH4	mg/L	< 1.0	-	-	-	< 1.0	-	-	-
NH3	mg/L	< 0.03	-	-	-	< 0.03	1.37	-	-
NO3	mg/L	50	-	7.0	-	50	10	-	<0.5
NO2	mg/L	0.10	-	0.40	-	0.10	0.06	-	-
P	mg/L		-	0.1-0.2	-	-	< 0.025	0.05-0.2	-
PO4	mg/L	< 0.10	-	< 0.10	-	-	-	-	-
TSS	mg/L		-	< 40		30	-	25-150	< 40	<10%
TDS	mg/L		1,200	500-1000	-	-	-	-	-
Mercury	µg/L	< 1.0	5.0	< 1.0	-		.01	2.0	1.4	-
Lead (Pb)	µg/L	< 1.0-7.0	-	10	-	< 1.0-7	1-7	50 65	< 3.2

2.3Fisch   und Fischerei

Fischpopulationen sind in hohem Maße von den Schwankungen der physikalisch-chemischen Eigenschaften ihres aquatischen Lebensraums abhängig, die ihre biologischen Funktionen unterstützen (Mushahida-Al-Noor und Kamruzzaman, 2013, Whitfield 1998; Albaret 1999; Blaber, 2000; Jeffries und Mills, 1990; Furhan Iqbal, et al., 2004; Ali, 1999; Koloanda und Oladimeji, 2004; Ojutiku und Kolo, 2011)

Die Verfügbarkeit einer guten Wasserqualität ist für alle Fischzuchtsysteme wichtig, aber die Wassermenge ist für Fischzuchtsysteme noch wichtiger. Fisch ist seit Jahrhunderten ein wichtiger Bestandteil der menschlichen Ernährung. Die Notwendigkeit, den Fischertrag durch die Zucht zu verbessern, wurde zu einer kritischen Angelegenheit (Eira Carballo, et al, 2008).

Die Fischerei kann mit Ackerbau, Viehzucht und Bewässerung kombiniert werden, was zu einer besseren Nutzung der lokalen Ressourcen und letztlich zu einer höheren Produktion und höheren Nettogewinnen führen kann.

2.4 Phytoplankton

Das Phytoplankton produziert mit Hilfe von Sonnenlicht Kohlenhydrate und setzt Sauerstoff frei. Es ist die Hauptquelle für Energie und Sauerstoff im Ökosystem. Zooplankton, das sich vom Phytoplankton ernährt, ist die Hauptnahrungsquelle für die Fische (Santhosh, B. Sclenrlsr und Singh, N.P., 2007). Im Allgemeinen wird die Entwicklung des Phytoplanktons in Gewässern durch die gleichen physikalischen und chemischen Parameter wie Temperatur, Lichtverfügbarkeit und Nährstoffe bestimmt. Die Chlorophyll-a-Konzentration wird ebenfalls als Maß für die Biomasse des Phytoplanktons bestimmt (Hötzel, G. und Croome, R. 1999). Eine Secchi-Scheibe wird zur Schätzung der Phytoplanktondichte und der Fruchtbarkeit des Sees verwendet.

Die Entwicklung des Phytoplanktons wird im Laufe der Zeit stark von den Veränderungen der Umweltbedingungen in den Ökosystemen der Seen beeinflusst. Ein Vergleich der jüngsten Forschungsergebnisse mit den Ergebnissen, die vor einigen Jahren erzielt wurden, kann wichtige Rückschlüsse auf die Veränderungen der Wasserqualität von Seen im Laufe der Zeit liefern (Salmaso, 2002).

Ashitey und Flake (2010) stellten fest, dass Fisch eine billigere und bevorzugte Quelle für tierisches Eiweiß ist, die etwa 60 % der tierischen Eiweißaufnahme in Ghana ausmacht. In ihrem Bericht heißt es, dass die jährliche einheimische Fischproduktion Ghanas seit dem Jahr 2000 schwankt, aber im Allgemeinen einen leichten Rückgang von 460.000 Tonnen auf 436.000 Tonnen im Jahr 2008 verzeichnet.

3. materialien und methoden

3. 1. beschreibung des untersuchungsgebiets

Der Kabo-See ist ein kleiner, kreisrunder, natürlicher See in Äthiopien in der Region Gambela, Zone Majang, Godere worada, Gubeti kebele (Äthiopien). Er befindet sich etwa 651 km von Addis Abeba und 40 km von der Stadt Tepi entfernt. Sie liegt auf dem Breitengrad: 7^0 18'10.36 "N und dem Längengrad: 35^0 16'5.42" E, auf einer Höhe von 1397 m über dem mittleren Meeresspiegel (Abb. 3 und 4). Sie ist von Naturwald und großen grünen Kaffeefarmen umgeben.

Abb.1 Die Lage des Kabo-Sees in Äthiopien (Bureyi-See)

3.2 Probenahmeort und Probenahmetechnik

Es wurde eine konzipierte Probenahmetechnik verwendet, und es wurden vier Probenahmestellen am See aufgrund ihrer Bedeutung ausgewählt: an der Stelle, an der der Mensch in den See eintritt, an der Stelle, an der der Zufluss in den See mündet, ungefähr in der Mitte des Sees und an der Stelle, an der die örtliche Gesellschaft bevorzugt Fischerei betreibt. Die Probenahmestellen sind mit SS1 (Probenahmestelle eins), SS2 (Probenahmestelle zwei), SS3 (Probenahmestelle drei) und SS4 (Probenahmestelle vier) bezeichnet. Die Probenahme erfolgte monatlich durch direktes Eintauchen der Polyethylengefäße (PVC) knapp unter der Oberfläche des Sees in einer Tiefe von 30 bis 50 cm über einen Zeitraum von 10 Monaten, von Oktober 2013 bis August 2014, G.C.

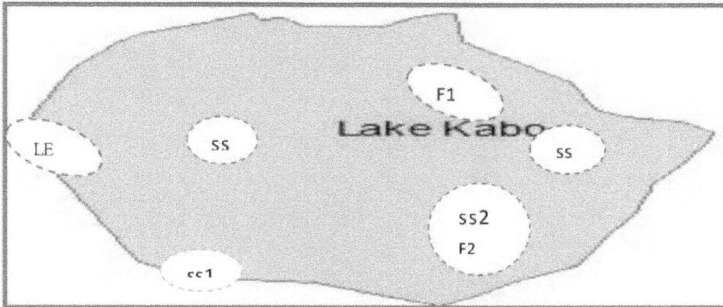

Abb. 2. Form des Sees, Probenahmestellen und Fischjagdgebiete (LE - Seeausgang, SS - Probenahmestellen, die Zahlen geben die Nummer der Probenahmestellen an, und F1, SS4, F2/SS2 stehen für Gebiete auf dem See, in denen die Fischjagd besonders häufig vorkommt).

Abb. 3 Karte der Region Gambela und des Bureyi-Sees (Kabo)

3.3 Entwurf des Untersuchungsgebiets

Der See befindet sich auf dem Längengrad: 35^0 16'5.42" und Breitengrad: 7^0 18'10.36"

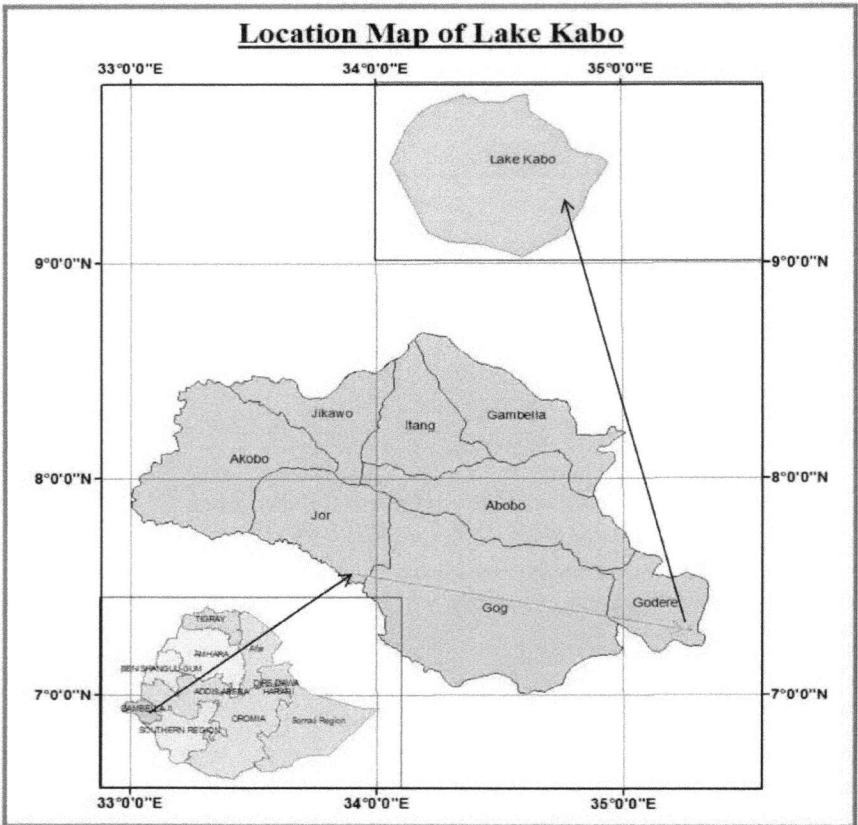

Abbildung 4 Lageplan des Kabo-Sees

3.4 Experimentelle Methoden und Verfahren

Tabelle 4. Wasserqualitätsparameter und Kontrollen für die Erhebungen

Physical and chemical parameters analyzed during the study period		
Chlorine	pH	EC
Calcium	STD	Total alkalinity
Phosphate	Turbidity	
Conductivity	DO	
T^0	Depth	

Die Wasserproben wurden in den Morgenstunden an den Wasserentnahmestellen des

Sees entnommen. Von jeder Probe wurden pH, T^0 , TDS, Transparenz, Tiefe und EC an Ort und Stelle analysiert, während die Wasserproben zur Analyse des gelösten Sauerstoffs (OD) und der Gesamtalkalinität aufbewahrt und im Forschungslabor des nationalen Bodenlaborzentrums in Tepi im Südwesten Äthiopiens (SNNP) analysiert wurden. Alle Feldmessgeräte und Ausrüstungen wurden gemäß den Spezifikationen des Herstellers überprüft und kalibriert.

Die Wasserproben von vier ausgewählten Standorten wurden monatlich in durchsichtigen, vorsterilisierten Polyäthylenflaschen entnommen. Zahlreiche physikalische und chemische Parameter wurden gemäß den Standardmethoden (APHA, 1991) untersucht.

Von jeder Probenahmestation wurde ein Liter Wasser entnommen, in eine Polyethylenflasche gefüllt, kodiert und kalt ins Labor gebracht, wo es nach den von Frank M. Dunnivant, 2004, und APHA, 1992, vorgeschlagenen Standardmethoden analysiert wurde. Proben für PH, Temperatur (T^0), Transparenz, Tiefe und elektrische Leitfähigkeit (EC) wurden an Ort und Stelle mit einem tragbaren Standard-Labor-PH-Meter (PH 600, Bereich 0,0/14 PH, Genauigkeit + 0,1) analysiert, EC wurde mit einem tragbaren EC-Meter (Leitfähigkeitsmesser cc 101, Modell Elmron I P67) bestimmt.

Die Wasserproben wurden im Labor auf gelösten Sauerstoff (DO), TDS und Gesamtalkalität untersucht. Die Gesamtalkalität wurde titrimetrisch mit 0,02N HCl und Bromkresolgrün bestimmt. Der DO-Wert wurde titrimetrisch nach der Winkler-Methode/dem Winkler-Verfahren gemessen. Die Transparenz des Sees wurde mit Hilfe der Secchi-Scheibe bestimmt. Die Scheibe wurde in das Wasser abgesenkt und die Tiefe, in der sie verschwand, wurde beobachtet und aufgezeichnet. Danach wurde sie allmählich aus dem Wasser gezogen, und die Tiefe, in der sie sichtbar wurde, wurde notiert und aufgezeichnet. Die Transparenz des Gewässers wurde als Mittelwert der beiden Messwerte berechnet.

Die chemische Analyse der Proben wurde zur Bestimmung von Anionen und Kationen einschließlich der Konzentrationen von Nitrat (NO3-) und Härte nach einem Standardlaborverfahren durchgeführt. Nitrat (NO3-) wurde mit Hilfe der UV-spektrophotometrischen Screening-Methode (APHA, 1998) identifiziert, bei der eine angepasste Siliziumdioxid-Küvette von 1 cm (UV-Sicht-Spektrophotometer) für die Verwendung bei 220 nm und 275 nm verwendet wurde. Sowohl die Probe als auch der Standard wurden mit 1M HCl behandelt. Eine Wellenlänge von 220 nm wurde verwendet, um NO3- zu messen, und eine Wellenlänge von 275 nm, um Störungen durch gelöste organische Stoffe festzustellen. Sowohl für die Probe als auch für die Standards wurde das Zweifache der Absorptionsmessung bei 275 nm von der Messung bei 220 nm subtrahiert, um die Absorption aufgrund von NO3- zu erhalten.

Die Härte, die die Konzentration von Kalzium- und Magnesiumionen angibt, wurde wie in der Literatur angegeben bestimmt (APHA, 1998). Dementsprechend wurden 100 ml Probe in einen Erlenmeyerkolben überführt. 2 ml Pufferlösung wurden hinzugefügt, gefolgt von etwa 0,4 g festem Indikator. Die Proben wurden sofort, aber langsam unter ständigem Rühren titriert, bis die letzte rötliche Färbung verschwand und eine blaue Farbe zu sehen war. Das zum Vergleich verwendete Leerwertreagenz wurde in ähnlicher Weise titriert wie die Probe. Zum Schluss wurde das Ethylendiamintetraessigsäure (EDTA)-Titriermittel gegen den Calcium-Standard standardisiert.

3.5 Statistische Analyse

Die gewonnenen Daten wurden einer deskriptiven statistischen Analyse unterzogen (95 % Konfidenzgrenze). Die Berechnung erfolgte mit Hilfe des Statistikpakets für Sozialwissenschaften (SPSS Version 16), um den Mittelwert, die Standardabweichung, den Schwellenwert, den Variationskoeffizienten und die Spannenwerte zu ermitteln. Die Korrelation wurde mit der einfachen Pearson-Korrelationsmethode durchgeführt. Die Ergebnisse der Wasserparameter wurden auch mit den Wasserqualitätsnormen verglichen, um zu prüfen, ob das Seewasser innerhalb des für die Fischaufzucht akzeptablen Bereichs liegt oder nicht.

4. ERGEBNIS

4.1 Kurze Geschichte des Kabo-Sees

Der See wird von den Oromo als "Bishan wak'a" und von den Mezengir als "Bureyi" bezeichnet (Per. Comm.). Dieselben Menschen machen dem See ein Geschenk in Form von Geld oder Tieren, in der Annahme, dass er mehr Gesundheit und Reichtum beschützen kann.

Es ist normal, lebende Hühner und fallen gelassenes Geld in Form von Münzen rund um den See zu finden. Nach Angaben der ursprünglichen Bewohner war das Gebiet, in dem sich der See befindet, ein Wald, in dem ihre Vorfahren auf die Jagd gingen. Es wird angenommen, dass der See durch einen Vulkanausbruch vor vielen Jahren entstanden ist (Pers. Comm.).

Die Temperaturunterschiede zwischen dem Wasser des Flusses und dem Wasser des Sees veranlassen die Bewohner zu der Annahme, dass der Fluss den See durchfließt, ohne sich zu vermischen.

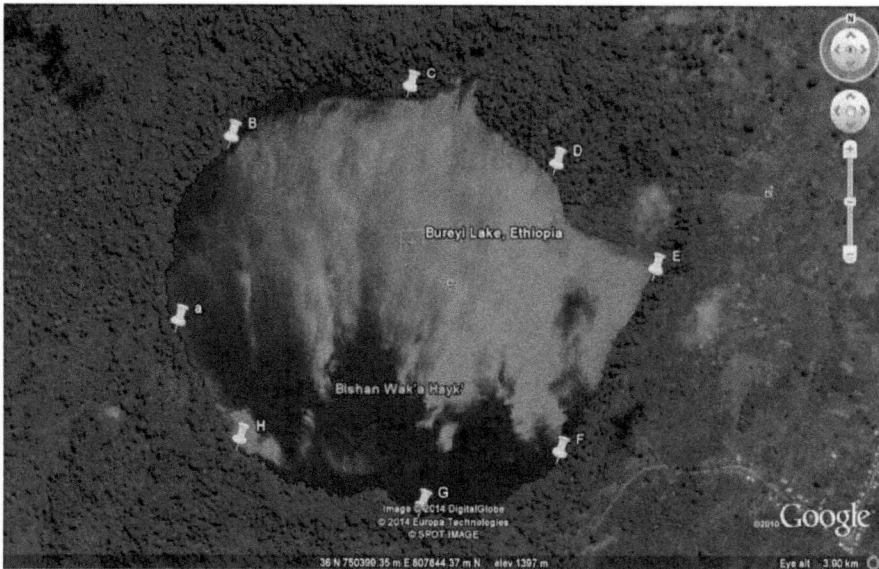

Abb. 5. Das Bild zeigt die grüne Vegetationsdecke rund um den Kabo-See (Spotbild Google 2014)

4.2 Das morphometrische Erscheinungsbild und die Merkmale des Sees

Abb. 6. Verschiedene Ansichten des Kabo-Sees (Bishan waka'a) und seiner Vegetation. A) Ein Teil des Sees
B) Der See vom Eingang des Sees aus gesehen.

Tabelle 5 Kurzinformationen/ Morphometrische Merkmale des Kabo-Sees

Morphometry characteristics	Description
1. District	Godere
2. Type	Lake Rural
3. Lake elevation (meters) , Altitude (m)	1397m above mean sea level
5. Mean water Temperature of Lake	23 °C
6.Surface area (hectares /km²)	14,000squ.meter/ 1.4 hectare/0.014 Km²
7. maximum Depth (m)	20.5 m
Mean (M)	12 m
Minimum depth (m)	0.50 m
8. Shape of the Lake	Circular
9. Average Secchi Depth	48.32 cm
10.Water Current of the Lake	Very less water current

4.3 Physikalisch-chemische Eigenschaften des Kabo-Sees

4.3.1 Physikalische Merkmale des Sees

Die Fläche des Sees betrug 14.000 Quadratmeter (1,4 Hektar oder 0,014 km² (berechnet mit der GIS-Datenanalysetechnik, Tabelle 5). Eine Zusammenfassung der Ergebnisse der physikalisch-chemischen Analyseparameter der Wasserproben, die an verschiedenen Untersuchungsstandorten entnommen wurden, wurde in der folgenden Tabelle in verschiedenen Themen und Unterthemen dargestellt. Die Tiefe des Sees war in den verschiedenen Bereichen des Sees unterschiedlich. Die maximale Tiefe wurde im Monat Mai gemessen (20,5 m), und die mittlere Tiefe betrug zum Zeitpunkt der Messung 12 m (Tabelle 5).

4.3.2 Physikochemische Eigenschaften des Kabo-Sees

Tabelle 6. Physikalisch-chemische Jahreswerte des Kabo-Sees

Annual lake water parameter	unit	Minimum	Maximum	Mean	Std. Deviation
T	°c	19.00	25.10	22.9982	± 1.57928
PH		6.10	8.70	7.6508	± .83468
TDS	Mg/l	60.00	320	183.43	± 64.89287
TA	Mg/l	101.00	195.00	172.85	±16.87693
EC	µS/cm	90.00	191.00	127.22	± 41.01139
DO	Mg/l	2.80	4.70	3.5800	± .59191
Ca++	Mg/l	2.00	11.80	7.6112	± 2.59149
PO4	Mg/l	0.02	0.99	0.1039	± 0.14598
Chloride	Mg/l	0.89	3.00	1.5102	±0.67688

Die Jahresmittelwerte für Temperatur, PH-Wert, TDS, TA, EC und DO des Sees waren

23 C^0 , 7,65, 205,64mg/l, 173,3mg/l bzw. 4,34mg/l. Die Jahresmittelwerte für PO4, Chloride und Ca^{++} lagen ebenfalls bei 0,1039mg/l, 1,5102mg/l bzw. 7,6112mg/l.

Tabelle 7. Pearson-Korrelationsstatistiken für verschiedene Parameter des Kabo-Sees

parameter	PH	T^0	T.al	DO	EC	TDS
PH	1	.727**	.078	.243	-.601**	-.832**
T^0	.727**	1	-.109	.399*	-.614**	-.574**
T.al	.078	-.109	1	.197	.103	-.087
DO	.243	.399*	.197	1	-.289	-.184
EC	-.601**	-.614**	.103	-.289	1	.569**
TDS	-.832**	-.574**	-.087	-.184	.569**	1

**. Die Korrelation ist auf dem Niveau von 0,01 signifikant (2-tailed). *. Die Korrelation ist auf dem Niveau von 0,05 signifikant (2-tailed).

Tabelle 8. Monatswerte der physikalisch-chemischen Parameter an den Probenahmestellen des Kabo-Sees (0. Oktober 2013 bis Juli 2014).

month	T° S1	S2	S3	S4	PH S1	S2	S3	S4	TDS S1	S2	S3	S4	T.alk S1	S2	S3	S4	EC S1	S2	S3	S4	OD S1	S2	S3	S4
O	21	22	19	18	7.8	7.55	7.2	7.6	155	170	175	185	178	169	183	179	98	103	120	155	2.9	3.0	4.0	4.2
N	23.6	22.6	20	19	7.7	7.5	7.54	7.7	157	175	188	193	182	101	182	192	101	119	132	139	3.0	3.5	4.5	4.0
D	23	23	22	21	8.3	8.0	8.4	8.2	160	160	170	165	180	172	184	172	107	106	110	104	2.9	3.0	3.5	4.5
F	23.6	22.8	21	20	8.3	8.4	8.5	8.4	180	169	162	168	175	170	195	190	115	120	115	108	3.1	3.5	4.3	4.0
M	23	23	20	21	8.6	8.5	8.6	8.7	100	60	80	120	170	181	172	189	105	90	98	103	3.3	3.0	3.9	4.2
A	24.6	23.7	19	18	8.4	8.4	8.3	8.4	201	198	195	205	168	167	191	193	103	121	120	128	2.8	2.9	4.2	4.0
M	24	22	19	19	8.2	8.1	8.0	8.0	220	210	222	201	151	158	162	170	119	129	130	98	2.9	3.0	4.3	4.2
J	23	22.05	22.8	18.6	7.5	7.34	7.1	6.5	251.3	242	251	250	159	161	153	150	171	160	178	170	2.9	3.0	3.4	4.7
J	21	22.5	22	20	6.2	7	6.3	6.5	198	210	170	251	183	162	172	189	135	165	133	171	3.3	3.0	3.0	4.5
A	20	19	19	20	6.1	6.2	6.2	6.4	170	160	210	230	180	173	179	195	130	121	191	168	3.3	3.8	4.0	4.2

Die monatliche physikalisch-chemische Analyse wurde für verschiedene Parameter durchgeführt. Der höchste PH-Wert wurde im März (8,7), der TDS-Wert (251,3mg/l) im Juni, der TA-Wert (195mg/l) im August und Februar, der EC-Wert (191mg/l) im

August, der DO-Wert (4,5mg/l) im Dezember und die Temperatur von 24,6C^0 im Monat April gemessen (Tabelle 2).

Tabelle 9. Jährliche Höchst-, Mindest- und Mittelwerte der Ergebnisse der Probenahmestationen

Descriptive Statistics						
Sampling	Parameters	N	Minimum	Maximum	Mean	Std. Deviation
SS1	T°	10	20.00	24.90	23.12	±1.59778
	PH	10	6.10	8.60	7.71	±.89001
	TDS	10	100.00	251.300	179.23	±4.1495
	T.al	10	151.00	183.00	172.60	±10.64790
	EC	10	98.00	171.000	118.400	±52.37907
	DO	10	2.800	3.300	3.03333	±.177525
SS2	T°	10	19.00	24.90	22.791	±1.56678
	PH	10	6.20	8.50	7.6390	±.81410
	TDS	10	60.00	242.000	175.40	±68.27729
	T.al	10	101.00	181.00	161.40	±22.2471
	EC	10	90.00	165.000	123.40	±36.53370
	DO	10	2.900	3.800	3.14167	.287492
SS3	T°	10	19.00	25.00	22.922	±1.66998
	PH	10	6.20	8.60	7.6140	±.89204
	TDS	10	80.00	251.00	182.30	±70.43723
	T.al	10	153.00	195.00	177.30	±12.84134
	EC	10	98.000	191.000	132.700	±34.19231
	DO	10	3.000	4.500	3.84167	±.503548
SS4	T°	10	20.00	25.10	23.16	±1.70633
	PH	10	6.40	8.70	7.64	±.87331
	TDS	10	120.00	251.000	196.800	±64.82935
	T.alk	10	150.00	195.00	181.90	±14.25521
	EC	10	98.000	171.000	134.400	±43.65318
	DO	10	4.000	4.700	4.20833	±.239159

An den Probenahmestationen 3 und 4 wurden bessere Werte als an den anderen Standorten für Fische registriert. Tilapia Fische wurden um diese Probenahmestationen herum angesammelt und dort gefangen.

Tabelle 10. Jährlicher Minimal-, Maximal- und Mittelwert des DO-Werts des Kabo-Sees je nach Probenahmestelle (2013/2014).

Descriptive statistics					
Sampling stations	N	Minimum	Maximum	Mean	Std. Deviation
SS1	10	2.800	3.300	3.033	± .177525
SS2	10	2.900	3.800	3.1416	± .287492
SS3	10	3.000	4.500	3.8416	± .503548
SS4	10	4.000	4.700	4.2083	± .239159

Der jährliche DO-Wert des Sees je Probenahmestation Probenahmestellen, die als SS3 und ss4 kodiert sind, wurden mit dem höchsten DO-Wert registriert.

Tabelle 11 Saisonale Durchschnittswerte der physikochemischen Parameter

Seasons parameter	Av. Tem	Av.pH	Av.TDS	Av.T.al	Av.EC	AvOD
Summer (June-August)	20.8 °C	6.6	216.11 mg/l	171.3 mg/l	157.75 mg/l	3.6 mg/l
Spring (Sep-Nov	20.65	7.6	174.75 mg/l	170.75 mg/l	120.9mg/l	3.64mg
Winter (Dec-Jan)	20.2 0C	8.4	141.2 mg/l	179.2 mg/l	106.75 mg/l	3.62 mg/l
Autumn (March-may)	21.36 0C	8.35	167.7 mg/l	172.7 mg/l	112 mg/l	3.6 mg/l

Der saisonale Zustand der Parameter des Kabo Sees, d.h. der Durchschnitt der Ergebnisse von drei Monaten, wurde ebenfalls bestimmt. DO in allen vier Jahreszeiten gefunden sehr niedrig. Der höchste pH-Wert wurde im Herbst (März-Mai) und im Winter (Dezember-Jan) gemessen. Der niedrigste wurde in der Sommersaison gemessen. Die Gesamtmenge der gelösten Feststoffe und die elektrische Leitfähigkeit waren im Sommer höher und im Winter niedriger. Die Gesamtalkalität war im Winter höher und im Frühjahr niedriger.

4.3 Fischarten im See

Die Fischereiaktivitäten beschränkten sich auf die Probenahmestationen SS3 und SS4. Diese Teile des Sees sind der Belüftung ausgesetzt und weisen die gleichen Wasserpflanzen auf. Fischjäger jagen traditionell maximal 40 Fische pro Tag aus dem See. Neben der geringen Ausbeute an Fischen besteht die Gefahr des plötzlichen Todes (persönliche Beobachtung und Abbildung 4.3) und das Fleisch der Fische ist im Vergleich zu normalem Fischfleisch geschmacklos (persönliche Mitteilung und Beobachtung).

5. DISKUSSION

Die meisten Gewässer sind für die Fischzucht geeignet, obwohl die Fischarten unterschiedliche Toleranzen gegenüber verschiedenen Wasserqualitätsparametern haben. Die physiochemischen Eigenschaften des Wassers sind ein wichtiger Bestimmungsfaktor für das aquatische System. Ihre Eigenschaften werden stark von der klimatischen Vegetation und der allgemeinen Zusammensetzung des Wassers beeinflusst.

Die Wasserqualität bestimmt die "Eignung des Wassers für eine bestimmte Nutzung". Ihre Untersuchung gibt Aufschluss über den Zustand des Wassers. Indem man die Qualität eines bestimmten Gewässers über einen bestimmten Zeitraum hinweg betrachtet, kann man die Veränderungen der Wasserqualität feststellen.

Im Rahmen dieser Studie über die physikalisch-chemischen Merkmale wurden acht Parameter untersucht. Diese Parameter waren PH, T °, Transparenz, TDS, DO, Tiefe, Alkalinität und EC. Der PH-Wert, T^0 und die Transparenz wurden als physikalische Merkmale betrachtet und bewertet, während TDS, DO und Alkalinität als chemische Parameter bewertet wurden. Es stimmt, dass ein gesundes aquatisches Ökosystem in hohem Maße von den oben genannten Wasserparametern abhängt, und sie wurden berücksichtigt. Um die Probleme im Zusammenhang mit der Entwicklung der Fischerei in einem natürlichen aquatischen Lebensraum zu lösen, müssen die chemischen Eigenschaften des Seewasserkörpers untersucht werden. Die meisten Gewässer sind für die Fischproduktion geeignet, obwohl die Fischarten unterschiedliche Toleranzen gegenüber verschiedenen Wasserqualitätsparametern aufweisen.

5.1 Morphometrische Merkmale des Kabo-Sees

5.1.1 Form und Fläche des Kabo-Sees

Die Form des Sees ist fast kreisförmig (Abb. 4) und seine Fläche beträgt 14.000 Quadratmeter (1,4 Hektar oder 0,014 km)² (berechnet mit der GIS-Datenanalysetechnik, Tabelle 5).

5.1.2 Tiefe des Kabo-Sees

Die Tiefe des Sees variiert in den verschiedenen Gebieten erheblich; die maximale Tiefe wurde im Mai mit 20,5 m gemessen, die mittlere Tiefe betrug zum Zeitpunkt der Messung 12 m (Tabelle 4.1).

5.1.3 Wichtigste Wasserquelle und Wasserstrom für den Kabo-See

Der See hat drei Wasserquellen (Hauptzufluss des Sees), einen kleinen Fluss (der lokal als "Bure" bekannt ist), Quellwasser (lokal als "Togo Bure" bekannt) von den Hügeln/dem erhöhten Land, das den See umgibt (pers. Beobachtung) und hauptsächlich Grundwasser. Die Wasserströmung des Kabo-Sees ist unbedeutend (Pers. Beobachtung). Das liegt an den natürlichen Wäldern, den Hügeln, die den See umgeben, und der niedrigen Lage (1397 m) des Sees. Er hat einen Auslauf, der der Weg des kleinen Flusses ist. In der Wintersaison gibt es nur wenig Abfluss, der aus dem hochgelegenen Land, dem Wald und entlang des kleinen Flusses in den See gelangt, der ihn durchquert, ohne sich mit dem Seewasser zu vermischen (per.com.). Der Wasserstand des Sees lag 1397 m über dem mittleren Meeresspiegel (Gegenkarte, Google Earth, 2. Mai 2004, Tabelle 5). Eine Verschmutzung des Sees ist nicht zu erwarten, da es in dem Gebiet weder große Industrie noch Landwirtschaft gibt. Der See ist von natürlicher Vegetation umgeben (dichter, geschützter Wald, Abb. 3) und wird kaum als Erholungsgebiet genutzt.

5.1.4 Winde zum See

Der Wind spielt eine entscheidende Rolle für die limnologischen Eigenschaften der Seen. Er hat eine durchmischende Wirkung, die eine chemisch-physikalische Schichtung des Sees verringert. Dieser Prozess kann dazu beitragen, die absorbierten und regenerierten Nährsalze vom Seeboden abzulösen. Der Wind hilft auch bei der Auflösung des atmosphärischen Sauerstoffs, der für die Stoffwechselaktivitäten der verschiedenen Organismen benötigt wird. Der Wind, der sich zum Wasser des Kabo-Sees bewegt, wurde jedoch durch die Topologie (geringe Höhe) des Sees und seine Vegetation stark eingeschränkt. Die geringe Tiefe des Tanasees (max. 14 m und durchschnittliche Tiefe von 8 m), die geringen Temperaturschwankungen und der relativ starke Wind nach Sonnenuntergang ermöglichen im Allgemeinen eine gute Durchmischung des Wassers (BCEOM, 1998). Daher gibt es im See keine Schichtungsschicht. In der Sommersaison war es leicht windig und im Winter sehr windarm. Dies wirkt sich negativ auf die Durchmischung des Luftsauerstoffs aus, der sich mit dem Wasser vermischt und den DO-Gehalt erhöht. Der Wind wurde als Hauptfaktor für die begrenzte Menge an Sauerstoff im Kabo See angesehen.

5.2 Physikalisch-chemische Eigenschaften des Kabo-Sees

Die chemisch-physikalischen Eigenschaften des Wassers sind wichtige Determinanten des aquatischen Systems. Ihre Eigenschaften werden stark von der klimatischen Vegetation und der allgemeinen Zusammensetzung des Wassers beeinflusst. Die vorliegende Studie wurde von Oktober 2013 bis August 2014 durchgeführt. Die physikalisch-chemischen Eigenschaften des Seewassers wurden mit den WHO-Normen (1993), den BIS-Normen (1991) und anderen einschlägigen Dokumenten verglichen. Diese Parameter werden im Folgenden erörtert.

5.2.1 PH

Ein pH-Meter ist ein elektronisches Instrument zur Messung des pH-Werts einer Flüssigkeit. Es besteht in der Regel aus einer speziellen Messsonde (einer Glaselektrode), die mit einem elektronischen Messgerät verbunden ist, das den pH-Wert misst und anzeigt. In frischen Teichen kann ein niedriger pH-Wert die Freisetzung von Metallen aus Steinen und Sedimenten beschleunigen. Diese Metalle können den Stoffwechsel der Fische und ihre Fähigkeit, Wasser über die Kiemen aufzunehmen, beeinträchtigen. Der pH-Wert regelt die meisten biologischen Prozesse und biochemischen Reaktionen. Der pH-Wert ist von anderen Wasserqualitätsparametern wie Kohlendioxid, Alkalinität und Härte abhängig. Er kann bei bestimmten Werten selbst toxisch sein und beeinflusst auch die Toxizität von Schwefelwasserstoff, Zyaniden, Schwermetallen und Ammoniak (Klontz, 1993). Bei 25^0 C gilt ein pH-Wert von 7,0 als neutral, d. h. weder sauer noch basisch, während Werte unter 7,0 als sauer und über 7,0 als basisch angesehen werden. Natürliche Gewässer haben einen pH-Wert zwischen 5,0 und 10,0, während der pH-Wert von

Meerwasser bei 8,3 liegt.

Der PH-Wert reguliert die meisten biologischen Prozesse und biochemischen Reaktionen. Der pH-Wert schwankte während des gesamten Untersuchungszeitraums und lag im Bereich von 6,1-8,7 (Jahresmittelwert: 7,65 $\pm$ 0,83468) (Tabelle 6). Der Höchstwert des pH-Wertes wurde an der Probenahmestation S4 (Ort der Flusseinleitung, im Juli, Tabelle 8) mit 8,7 und der Mindestwert des pH-Wertes an der Probenahmestation S4 mit 6,1 (im Monat August, Tabelle 8) gemessen. Der maximale Mittelwert des pH-Wertes wurde an der Probenahmestation 1 gemessen (7,71 $\pm$ 0,89001) und der minimale Wert betrug 7,6140 + 89204 an der Station 3 (Tabelle 9). Das Ergebnis zeigt, dass der pH-Wert für alle untersuchten Proben im Bereich der von der WHO (1963)/BIS (1991) festgelegten akzeptablen Grenzwerte lag. Der PH-Wert weist eine starke positive Korrelation mit T^0 (0,727) p-Wert < 0,01 auf und korreliert negativ mit EC (-0,601$^)$ und TDS (-0,832) bei p<0,01 (Tabelle 7) während des Untersuchungszeitraums. Der in dieser Untersuchung ermittelte Bereich stimmte vollständig mit den von Assiah, V. et al. (2004) und Jhingran, V. (1988) empfohlenen Werten (6,0-9,0) überein. Der saisonale Zustand der Parameter des Kabo Sees, d.h. der Durchschnitt von drei Monaten, wurde ebenfalls bestimmt. Der höchste pH-Wert wurde im Herbst (März-Mai) und im Winter (Dezember-Jan) registriert. Der niedrigste war in der Sommersaison.

5.2.2 Temperatur

Die Temperatur ist einer der wichtigsten ökologischen Faktoren, der das physiologische Verhalten und die Verbreitung von Organismen steuert. Eine angemessene Wassertiefe kann die Schwankungen der Wassertemperatur verringern und die Wasserqualität kann leicht aufrechterhalten werden. Verschiedene Fischarten passen sich an unterschiedliche Temperaturen an. Die Wassertemperatur ist eine wichtige Voraussetzung für die Beurteilung, ob die ausgewählten Fischarten aufgezogen werden können. In der vorliegenden Studie wurde der niedrigste Wert der Wassertemperatur im Monat August (19°C) und der höchste im Mai (25,1 °C) festgestellt, während die Jahresdurchschnittstemperatur bei ~23°C $\pm$ 1,57928 lag

(Tabelle 6). Bei den Probenahmestellen SS1 und SS4 wurde der höchste Jahresmittelwert (23,16 C bzw.[0 and] 23,16, Tabelle 9) im Vergleich zu den beiden anderen Probenahmestellen ermittelt. Das Ergebnis lag unter dem zulässigen Grenzwert für Wasserlebewesen, wie er von der WHO (1963)/BIS (1991) (30-35^0 C) und Dennis, P. et al., 2009 für Tilapia-Fische (25-32 °C) empfohlen wurde, aber es stimmte mit dem von Jhingran, (1988) und Assiah, V, et al. (2004) für Fische (20°C - 30°C) überein.

5.2.3 Elektrische Leitfähigkeit

Die elektrische Leitfähigkeit ist ein Maß für die Gesamtmenge der gelösten Salze (TDS), d. h. die Gesamtmenge der gelösten Ionen im Wasser. Die Leitfähigkeit ist proportional zur Menge der im Wasser gelösten Salze. In der vorliegenden Untersuchung wurde der niedrigste Wert des EC im Oktober (98{is/cm) und der höchste Wert (235 gs/cm) im Juli (Tabelle 6) mit einem Jahresmittelwert von 150,59{is/cm (Tabelle 6) gemessen. Das höchste durchschnittliche Ergebnis wurde im August (206 gs/cm) und das niedrigste im Februar (108 |is/cm) registriert. Die Ergebnisse der elektrischen Leitfähigkeit und des gesamten gelösten Feststoffs waren positiv mit dem TDS korreliert (r=0,569 bei P<0,01, Tabelle 7). Der Anstieg der elektrischen Leitfähigkeit war vollständig mit der Menge der gelösten Feststoffe in den untersuchten Wasserproben verbunden. Der Jahresmittelwert des EC-Wertes von SS4 war signifikant höher als der der anderen (158,60 +43,653, Tabelle 6). Die während des Untersuchungszeitraums erzielten Ergebnisse waren im Vergleich zu den von der WHO (1963)/BIS (1991) festgelegten Grenzwerten für aquatisches Leben niedrig.

5.2.4 Gelöste Feststoffe insgesamt (TDS)

In natürlichem Wasser bestehen die gelösten Feststoffe hauptsächlich aus Karbonaten, Bikarbonaten, Chloriden, Sulfaten, Phosphaten, Nitraten, Kalzium, Magnesium, Natrium, Kalium, Eisen und Mangan usw. (Esmaeili, H. R. und Johal, M.S, 2005). Ein Höchstwert von 400 mg/L gelöster Feststoffe ist für verschiedene Fischpopulationen zulässig (Boyd und Tucker, 1998; Ali et al., 2002). Der Gesamtgehalt an gelösten Feststoffen gibt die organischen und anorganischen Stoffe in der Probe an. Sie stammen aus der Auflösung oder Verwitterung von Gestein und Boden, einschließlich der Auflösung von Kalk, Gips und anderen langsam gelösten Bodenmineralien. Der TDS-Wert ist die aggregierte Menge aller schwebenden Feststoffe in einer Wasserprobe. Der Jahresdurchschnittswert des TDS im See betrug 183,43+64,89287 mg/l und reichte von 60 bis 320 mg/l (Tabelle 6). Der höchste Wert wurde im August registriert (320 mg/l), der niedrigste Wert lag bei 60 mg/l im März (Tabelle 6). In SS4 wurde der höchste Wert und in SS2 der niedrigste Jahresmittelwert registriert: 213,80+64,82935 bzw. 199,7+68,27729. Der TDS-Wert des Kabo-See-Wassers stimmte mit dem von der WHO festgelegten Grenzwert (max. 1000 mg/l) und dem BIS-Standard von max. 500 mg/l für die Trinkwasserqualität überein. Wenn die Probe eine niedrige gemessene Leitfähigkeit aufweist, ist auch der TDS-Wert an allen Stationen konstant niedrig. In dieser Studie wies die Probenahmestelle S3 den höchsten TDS-Wert auf (182,30+70,43723), gefolgt von S4 (196,800+64,82935, Tabelle 8). Im Sommer wurden höhere Werte für den gesamten gelösten Feststoff und die elektrische Leitfähigkeit registriert, im Winter dagegen niedrigere.

5.2.5 Gesamtalkalität

Die Alkalinität ist das Maß für die Fähigkeit des Wassers, Säuren mit Hilfe von Karbonat- und Bikarbonationen und in seltenen Fällen mit Hilfe von Hydroxid zu neutralisieren oder zu puffern und so die Organismen vor größeren Schwankungen des PH-Wertes zu schützen. Die Alkalinität ist ein verwandtes Konzept, das üblicherweise verwendet wird, um die Fähigkeit eines Systems zur Pufferung von Säureeinflüssen anzugeben. Die Pufferkapazität ist die Fähigkeit eines Gewässers, Änderungen des PH-Wertes zu widerstehen oder zu dämpfen. Die Gesamtalkalität des Wassers ist die Qualität des Wassers und die Art der im Wasser vorhandenen Komponenten wie Bikarbonat, Karbonat und Hydroxid. Der jährliche Bereich lag zwischen 101 und 195 mg/l mit einem Jahresmittelwert von 172,85+16,87693 (Tabelle 1). Der niedrigste Wert wurde im April (101 mg/l) und der höchste Wert im Monat Februar (195 mg/l) gemessen. Der in dieser Untersuchung ermittelte Wert stimmt mit dem von der WHO (1963)/ BIS (1991) festgelegten Grenzwert für Wasserlebewesen (max. 200 mg/l) und mit dem von Dennis P. et al. (2009) erstellten Dokument für Tilapia-Fische (100-250 mg/l) überein. Probenahmestation 4 hat den höchsten Jahresmittelwert (181,90mg/l+14,25521) und Probenahmestation 2 wurde der niedrigste Wert registriert (161,40mg/l ±22,2471, Tabelle 6). Die Alkalität an sich ist für den Menschen nicht schädlich; dennoch sind die Wasserproben mit weniger als 100 mg/l für den Hausgebrauch wünschenswert. Die Gesamtalkalität war im Winter höher und im Frühjahr niedriger.

5.2.6 Gelöster Sauerstoff

Gelöster Sauerstoff ist ein wichtiger limnologischer Parameter, der die Wasserqualität und die organische Produktion in einem See anzeigt. Fische, die sauerstoffarmem Wasser ausgesetzt sind, nehmen keine Nahrung auf, sammeln sich in der Nähe der Wasseroberfläche, schnappen nach Luft (Cypriniden), sammeln sich am Zufluss zu Teichen, in denen der Sauerstoffgehalt höher ist, werden torpid, reagieren nicht auf Reize, verlieren ihre Fähigkeit, dem Fang zu entkommen und sterben schließlich (Svobodová et al, 1993). Der jährliche DO-Wert lag zwischen 2,80mg/l- 4,70mg/l mit einem Jahresmittelwert von 3,5800mg/l ±. 59191. Der niedrigste DO-Wert wurde im April (2,8mg/l) in SS1 und der höchste im Juni (4,7mg/l) in SS4 beobachtet (Tabelle 2 und 3). Dieses Ergebnis liegt unter dem von der WHO (1963) und der BIS (1991) festgelegten Mindestgrenzwert für aquatisches Leben (5-7mg/l). Die DO-Werte über 5mg/l wurden an den als SS3 und SS4 kodierten Probenahmestellen ermittelt (Tabelle 7). Diese Stellen wurden als Stellen identifiziert, an denen sich Fische im Überfluss aufhalten. Die meisten Standorte sind für Fische ungünstig. Der jährliche DO-Mittelwert und der monatliche Wert des Kabo-Sees an SS1 und SS2 (Tabelle 8) lagen unter dem zulässigen Mindestwert, aber SS3 und SS4 erwiesen sich als tolerierbare Umgebung für Fische und Wasserlebewesen, wie von der WHO (1993)/BIS (1991) empfohlen. Die einzige Fischart, die den See bewohnte, war Telapia, andere Fische, die den See hemmen, wurden zum Zeitpunkt der Untersuchung nicht gefunden. Tilapia-Fische bevorzugen >5mg/l und tolerieren einen DO-Wert von 3-4mg/l (Lloyd, 1992). Niedrigere Werte können die Fische in Stress versetzen, und Werte von weniger als 2 mg/l können zum Tod führen (3 mg/l bei einigen Arten). Dieser Befund zeigt, dass der DO-Wert das kritische Problem des Kabo-Sees ist. Anderen Berichten zufolge können Tilapia zwar akute niedrige DO-Konzentrationen für mehrere Stunden überleben, doch sollten Tilapia-Teiche so bewirtschaftet werden, dass die DO-Konzentration über 1 mg/L liegt. Laut Thomas, P. und Michael, M. (1999) werden Stoffwechsel, Wachstum und möglicherweise auch die Krankheitsresistenz beeinträchtigt, wenn der DO-Wert über längere Zeit unter diesen Wert fällt. Der DO-Wert war in allen vier Jahreszeiten sehr niedrig.

5.2.7 Transparenz

Die Secchi-Scheibe wird an einem Seil befestigt und in das Wasser abgesenkt, bis sie nicht mehr sichtbar ist. Höhere Secchi-Werte bedeuten, dass mehr Seil herausgelassen wurde, bevor die Scheibe aus dem Blickfeld verschwindet, und weisen auf klareres Wasser hin. Niedrigere Werte weisen auf trübes oder gefärbtes Wasser hin. Bei klarem Wasser dringt das Licht tiefer in den See ein als bei trübem Wasser. Dieses Licht ermöglicht die Photosynthese und die Produktion von Sauerstoff. Die Klarheit des Seewassers wird durch Algen, Bodenpartikel und andere im Wasser schwebende Stoffe beeinflusst. Die Secchi-Scheibentiefe wird jedoch in erster Linie als Indikator für das Algenvorkommen und die allgemeine Produktivität des Sees verwendet. Obwohl es sich nur um einen Indikator handelt, ist die Secchi-Scheibentiefe das einfachste und eines der wirksamsten Instrumente zur Schätzung der Produktivität eines Sees. Die normale und geeignete Transparenz liegt zwischen 25 und 30 cm (Assiah, V., et al. 2004). In dieser Untersuchung reichten die Secchi-Tiefen von 40 cm bis 60 cm, was über dem von Assiah, V., et al. (2004) vorgeschlagenen Wert für eine geeignete Transparenz liegt. Die in dieser Untersuchung ermittelten Werte der Secchi-Scheibe helfen uns, die geringe Konzentration von Chlorophyll, Algen und TSS im See abzuschätzen. Der in dieser Studie ermittelte Wert der Secchi-Scheibe lag zwischen 35 cm und 66 cm und der Jahresmittelwert betrug 48,32 cm, was über dem festgelegten Grenzwert liegt.

Eine Lichtdurchlässigkeit von 30 cm bis über 60 cm wurde als günstig für die

Fischproduktion anerkannt (Boyd und Tucker, 1998; Ali et al., 2002). Die Trübung beeinflusst die Atmungsfähigkeit der Fische und die photosynthetischen Aktivitäten der pflanzlichen Organismen (Colman et al., 1992). Nach Blaber (2000) kann sich die Trübung jedoch in dreierlei Hinsicht auf Fische auswirken: Sie kann Jungfischen einen besseren Schutz vor Raubtieren bieten; sie wird im Allgemeinen mit Gebieten in Verbindung gebracht, in denen es ein reiches Nahrungsangebot gibt; und sie kann einen Orientierungsmechanismus für die Wanderung in und aus dem Fluss darstellen. Trotz ihres ökologischen Wertes hat eine zu hohe Wassertrübung nachweislich Auswirkungen auf das Überleben von Fischeiern, den Schlupferfolg, die Fütterungseffizienz (hauptsächlich von Filtrierern), die Wachstumsrate und die Populationsgröße (Whitfield 1998).

Ca++ ist ein wesentlicher Bestandteil für Fische, und ein moderater Kalziumgehalt im Wasser hilft den Fischen bei der Osmoregulation in stressigen Zeiten. Die zum Untersuchungszeitpunkt registrierte jährliche Wut von Ca^{++} betrug 2,00 -11,80 mg/l mit einem Mittelwert von 7,6112 $\pm$ 2,59149. Der Wasserkörper kann als "kalkreiches" Wasser eingestuft werden, wenn der Wert über 25 mg/1 liegt (Ohle W., 1934). Der Kabo See liegt also unter dem von (Nadeem S., 1994) für Süßwasser vorgeschlagenen Ergebnis. Das erzielte Ergebnis liegt sogar weit unter dem von Shinde Deepak und Ningwal Uday Singh (2014) für den Mod Sagar Stausee in Indien ermittelten Wert von 18,0 und 33,2 mg/l (Ohle W., 1934).

Nach Swarnalatha N. und Rao A.N., 1998 und Quality Criteria for Water, U.S., 1986, beträgt der empfohlene Gesamtphosphat-/Phosphorwert für Flüsse und Bäche 0,1 mg/l. Ein Mangel an Phosphat kann ein guter Grund für eine schlechte Produktivität des Wassers sein. Natürliche Gewässer mit einem Phosphorgehalt von mehr als 0,2 ppm Po4 sind nach Jhingran V.G.1988 wahrscheinlich recht produktiv. Der in dieser Studie ermittelte Wert lag im Bereich von 0,02-0,99 mg/l mit einem Jahresmittelwert von 0,1039 mg/l $\pm$ 0,14598. Der Phosphatgehalt des Sees war geringer als das Ergebnis von Shinde Deepak und Ningwal Uday Singh (2014) und (Jhingran V.G.1988), aber höher als die von Swarnalatha N. und Rao A.N, 1998 und Quality Criteria for Water, U.S, 1986 für Phosphor angegebenen Daten. Phosphat kommt in natürlichen Gewässern in geringer Menge vor, da viele Wasserpflanzen ein Vielfaches ihres unmittelbaren Bedarfs an Phosphat aufnehmen und speichern. In unserer Studie wurde ein maximaler Phosphatwert von 0,99 mg/l festgestellt. Der Chloridgehalt des Kabo-Sees lag im Bereich von 0,89 mg/l-3,00 mg/l mit einem Jahresmittelwert von 1,5102 mg/l ±0,67688. Laut Shinde Deepak und Ningwal Uday Singh (2014) lag der Chloridgehalt (Cl⁻) des Mod Sagar Reservoirs zwischen 22 und 36 mg/l. Süßwasser enthält normalerweise 8,3 mg/l Chlorid (Ohle W.,1934). Nach der Spezifikation BIS 10500, 1991, beträgt der Höchstwert von Cl⁻ 250 mg/l. Das in diesem Versuch erzielte Ergebnis war sehr niedrig. Ein hoher Chloridgehalt kann bei Menschen zu hohem Blutdruck führen. Ein zu hoher Chloridgehalt (<250 mg/l) verleiht dem Wasser einen salzigen Geschmack, und Menschen, die nicht an einen hohen Chloridgehalt gewöhnt sind, können eine abführende Wirkung verspüren. Eine hohe Chloridkonzentration ist auch ein Indikator für eine große Menge an organischem Material (Yadav G., 2002).

Tabelle 11. Jährliche Minimal-, Maximal- und Mittelwerte der physikalisch-chemischen Parameter des Kabo-Sees im Vergleich zu Normen und anderen Referenzen (Okt. 2013-Juli 2014 G.C.)

Parameters	Units	parameter range for Lake kabo	Annual Mean value of lake kabo	WHO(1963/ BIS(1991) permissible limit for aquatic life	Dennis P. et al. 2009 For Tilapia fish	Best suitable Recommended) range	References Recommendation for Lake kabo
PH	-	6.10- 8.7	7.8	6.5-8.5	6 to 9	6.5 - 9.5 [10,19]	Appropriate for Fish production
T°	C°	19-25.10	22.9982	30-35°C	25- 32	25 - 31 [19]	Below the specified limit for Fish production
TDS	Mg/l	60-320	205.64	Max 1000 mg/L	-	Up to 400 mg/l [25]	Appropriate for Fish production, but best for tilapia and carp fish
BC	μS/cm	98-235	150.59	750 μS/cm max limit	-	-	Below the specified limit for Fish production
T. Alkal	Mg/l	101-195	173.30	200 mg/L max	100 - 250 mg/L	Above 100 ppm [2]	Tolerable for Fish production
DO	Mg/l	3.3-5.3	4.84	5-7mg/l	-	above 5.0 mg/l [6]	Below the specified limit for Fish production and tolerable for tilapia and carp

5.2.8 Korrelation der Wasserqualitätsparameter

Zwischen den in der Studie ermittelten Parametern wurde eine Pearson-Korrelation hergestellt. TDS hat eine starke negative Korrelation mit PH und T^0 ($r = -.832$) bzw. ($r = -.574$), positive Korrelation mit EC und vs. EC haben eine negative Korrelation mit PH und T^0 während sie positiv mit TDS ist (Tabelle 6). Die Temperatur korreliert stark positiv mit dem PH-Wert (0,727) bei einem Signifikanzniveau von 0,01.

5.3 Biologische Parameter des Sees

Biologische Eigenschaften sind wichtig, um den Zustand des Sees zu bestimmen und fundierte Entscheidungen zur Bewirtschaftung des Sees zu treffen. Sie können helfen, die Gesamtökologie und den Gesundheitszustand des Sees zu charakterisieren. In dieser Studie wurden keine direkten Messungen der biologischen Parameter (Phytoplankton und Zooplankton) durchgeführt, sondern indirekte Schätzungen. Algen, mikroskopisch kleine Wassertiere, Wasserfarbe und Schwebstoffe beeinträchtigen die Lichtdurchlässigkeit und verringern die Klarheit des Wassers. Daher gilt die Sekchi-Transparenz als indirektes Maß dafür, wie stark das Wasser mit Algen und Sedimenten belastet ist. Die Wassertransparenz des Kabo-Sees (Secchi-Tiefen zwischen 35 cm und 66 cm) deutet auf sehr klares Wasser ohne mikroskopische Organismen hin. Die in dieser Untersuchung ermittelten Secchi-Werte zeigten uns indirekt die niedrige Chlorophyll- und Algenkonzentration, die aufgrund ihres geringen Vorkommens ein indirekter Indikator für einen niedrigen DO-Gehalt im See sein kann.

5.3.1 Fischarten im See

Tilapia ist nach dem Karpfen der am häufigsten gezüchtete Süßwasserfisch der Welt. Der Nilbuntbarsch ist nach wie vor die am meisten gezüchtete Buntbarschart in Afrika. Positive Merkmale der Aquakultur von Tilapia sind ihre Toleranz gegenüber schlechter Wasserqualität und die Tatsache, dass sie eine breite Palette natürlicher Nahrungsorganismen fressen. Biologische Hindernisse für die Entwicklung der kommerziellen Tilapia-Zucht sind ihre Unfähigkeit, anhaltende Wassertemperaturen unter 50 bis 52° F zu ertragen, und die frühe Geschlechtsreife, die dazu führt, dass die

Fische laichen, bevor sie die Marktgröße erreichen (Thomas P. und Michael M., 1999). Die einzige Fischart, die während des Untersuchungszeitraums im Kabo See gefunden wurde, war die Familie der Cyprinidea (Tilapia), die von derselben Organisation in den See eingeführt wurde (pers.com.). Die Fischereitätigkeit im Kabo See war besonders auf die SS3 und SS4 beschränkt. Dies könnte auf die vorteilhaften Umweltbedingungen in SS3 und SS4 im Vergleich zu den Probenahmestellen SS1 und SS2 zurückzuführen sein, d.h. auf den günstigeren PH-Wert, die Temperatur, den TDS-Wert und den DO-Wert.

Die von den Tilapia-Fischen bevorzugten Standorte waren der Belüftung ausgesetzt und befanden sich am Rand des Sees, wo große Wasserpflanzen zu finden sind. Fischjäger jagen traditionell bis zu 40 Fische pro Tag aus dem See. Diese Fische waren dem plötzlichen Tod ausgesetzt (pers. Beobachtung, Per. Mitteilung, Abbildung 7). Sie schmecken beim Verzehr nicht so gut wie gewöhnliche Fische aus dem Baro-Fluss. Die meisten Fischsterben werden während der Regenzeit beobachtet und sind am Ausgang des kleinen Flusses namens "Bureyi" zahlreich zu sehen (Pers. Mitteilung).

Abb. 7: Die einzigen Fischarten, die im Kabo-See gefunden wurden (Eine Fotografie von toten Fischen, die während der Untersuchung aufgenommen wurden)

KAPITEL 6

6. SCHLUSSFOLGERUNG

Die Wasserqualität hat einen direkten Einfluss auf das Überleben, das Wachstum und den Ertrag von Teichfischen. Bei der Fischaufzucht ist es wichtig, dass Aufzeichnungen über die Wassertemperatur, den Gehalt an gelöstem Sauerstoff und die Aktivitäten der Fische geführt werden. Diese Aufzeichnungen liefern nützliche Informationen für die Analyse. Ein angemessenes Management der Wasserqualität ist der Kernpunkt der Fischaufzucht. Aus den Ergebnissen, die während des Untersuchungszeitraums ermittelt wurden, wurden wichtige Schlussfolgerungen gezogen.

Die Lage des Sees und die langen Bäume rund um den See verringern die Windbewegung, die Wasserströmung und die Sonneneinstrahlung auf den größten Teil des Sees. Dadurch wird die Belüftung des Wassers beeinträchtigt und die Sonne kann die Wasserlebewesen nicht erreichen. Der niedrigere Wert des Sees führt zum Fischsterben im See.

Diese Fluktuation der genannten Parameter wurde zu einem Problem für das Leben der Fische. Der niedrigere Wert der Gesamtalkalität, TDS, Na^+, Mg^{++} und Ca^{++} Konzentration sollte der Grund für die Geschmacklosigkeit des Fischfleisches sein, während das Sterben mit dem temperaturabhängigen DO-Wert zusammenhängen könnte. Die Umgebung des Sees und die Lage des Sees können ein Grund dafür sein, dass die Sonneneinstrahlung die Wasseroberfläche nicht erreicht.

KAPITEL 7

7. EMPFEHLUNG

Sauerstoff kann durch direkte Diffusion und als Nebenprodukt der Photosynthese in das System gelangen. Dies bedeutet, dass der Gehalt an gelöstem Sauerstoff im Wasser durch mechanische Belüftung, z. B. durch Schaufelräder, Rührwerke, vertikale Sprühgeräte, Lufthebepumpen, Luftverteiler und erhebliche Wind- und Wellenbewegungen sowie durch das Vorhandensein von Wasserpflanzen und Algen erhöht werden kann.

Da der See eine geringere DO-Konzentration aufwies, ist die Belüftung des Wassers die beste Abhilfemaßnahme. Mechanische Belüftung mit Hilfe von Sauerstoffpumpen oder durch Versprühen des Wassers in die Luft in Form eines Springbrunnens. Der See sollte als Erholungsgebiet genutzt werden, das mit Bootsrampen ausgestattet ist, die die Vermischung des Luftsauerstoffs mit dem des Wassers erhöhen können. Die Regierung oder Nichtregierungsorganisationen (einschließlich unserer Universität) sollten finanzielle und technische Unterstützung für die geringe Produktqualität des Sees leisten. Das kontrollierbare Wachstum von Algen auf dem See sollte beibehalten werden, um den Sauerstoffgehalt zu erhöhen.

Die externe Nährstoffzufuhr kann eine Lösung sein, um das Wachstum von Wasserpflanzen zu fördern, die intern die DO-Konzentration im See erhöhen.

Die Universität sollte die Gründung von Teams fördern, die sich um die Nachhaltigkeit und Produktivität des Sees kümmern.

Auf der Grundlage dieser Forschung sollten weitere Untersuchungen zur Produktivität des Sees, zum Phytoplankton, Zooplankton, zur Identifizierung mikrobieller Arten und zur Konzentrationsstudie durchgeführt werden.

Die regelmäßige Überwachung und Bewertung der Wasserqualität des Sees ist für eine angemessene Erhaltung und Bewirtschaftung sehr wichtig. Daher wird empfohlen, dass die Mizan-Tepi-Universität ein Team einrichtet, das sich um die regelmäßige Überwachung und Bewertung des Kabo-Sees kümmert.

Die zweite Phase dieser Forschung sollte sich intensiv mit dem Management biologischer Indikatoren befassen und die biologischen Indikatoren im See bewerten.

Auswertung der Ergebnisse dieser Forschung und Suche nach geeigneten Fischen für den See. Einführung gebietsfremder Arten.

Der Temperaturunterschied zwischen dem Wasser des Sees und dem des Flusses kann nicht der Grund für die Erklärung der Durchmischung oder Nicht-Durchmischung sein, so dass dies durch andere Studien belegt werden sollte.

REFERENZEN

1. Albaret, J. J., 1999. Les peuplements des estuaires et des lagunes. In: Lévêque C., Paugy D. (Eds.), Les poissons des eaux continen-tales africaines: diversité, biologie, écologie et utilisation parl homme. Éditions de l IRD, Paris, S. 325-349.

2. Alikunhi K.H., 1957. Fish culture in India, In Bull. Indian Council Agri. Res., (20), 144

3. Ali, S.S., 1999. Süßwasser-Fischereibiologie. 1st Ed. pp: 108 14. Naseem Book Depot, Hyderabad, Pakistan

4. Aninomy, 2001. Parameters of Water Quality Interpretation and Standards, The Environmental Protection Agency, Irland.

5. Ashitey. E. und Flake. L., 2010. Exporter Guide Manual. Global Aquaculture Information Network, Ghana,GH1002,16

6. Assiah. V.,Ton. V., und Aldin,V., 2004. Small-scale freshwater fish farming 2nd ed. Digigrafi, Wageningen, die Niederlande.

7. APHA, 1991. Standard Methods for the Examination of Water and Waste vliater. Including Bottom Sediments and Sludge, New York, USA, 1193.

8. APHA, 1992. Standard Methods for the Examination of Water and Waste vliater. Including Bottom Sediments and Sludge, 141h ed., American Public Health Association, New York, USA, 1193.

9. Blaber, S.J.M., 2000. Tropical Estuarine Fishes. Ecology, Exploitation and Conservation. Fish and Aquatic Resources Ser. 7, Blackwell Science.

10. Beadle, L.C., 1981. The Inland waters of Tropical Africa: an Introduction to tropical limnology. Zweite Auflage, Longman Inc, New York

11. BIS 1991, IS:10400. Indian Standards for drinking waters, New Delhi, Indien, 1-9, 179-182.

12. Boyd, C., 1979. Water Quality in warm water fish ponds, Anburn University, Alabama, S. 359

13. Boyd, C.E., und C.S. Tucker, 1998. Teich-Aquakultur und Wasserqualitätsmanagement. pp: 448. Kluwer Academic Pub., London.

14. Bronmark, C. und Hansson, L., 2005.Die Biologie von Seen und Teichen. Oxford University Press, Oxford, S. 285

15. B. Santhosh und N.P. Singh, 2007. Richtlinien für das Wasserqualitätsmanagement für die Fischzucht in Tripura. New mankiya press No.29.

16. Dennis P., Thomas M. und James E., 2009. Tank Culture of Tilapia, University of the Virgin Islands SRAC, No. 282 pp.1-8.

17. Eira Carballo, Assiah van Eer, Ton van Schie und Aldin Hilbrands, 2008. Small-scale freshwater fish farming, 3rd edition, Agromisa Foundation and CTA, Wageningen.

18. Esmaeili H. und Johal M., 2005. Study of physicochemical parameters of water of Gobindsagar reservoir, India, In Proceeding of National Seminar on New Trends in Fishery Development in India, Punjab University, Chandigarh, India.

19. Furhan Iqbal, M. Ali, Abdus Salam, B.A. Khan, S. Ahmad, M. Qamar und Kashif Umer, 2004. Seasonal Variations of Physico-Chemical Characteristics Of River Soan Water At Dhoak Pathan Bridge (Chakwal), Pakistan, Int. Jour. Agric. & Biol. 1560 8530/2004/06 1 89 92.

20. Genevieve M. und Jems P., 2008. Water Qualityfor Ecosystem and Human Health 2nd ed. Umweltprogramm der Vereinten Nationen Global Environment Monitoring System/Water Programme

21. Hötzel, G. und Roger Croome, 1999. A Phytoplankton Methods Manual for Australian, LWRRDC Occasional Paper 22/99.

22. Huet, M., 1986. Lehrbuch der Fischzucht. Zweite Auflage, Fishing news book Ltd; England. Lowe-McConnell, R.H., 1987. Ökologische Studien in tropischen Gemeinschaften. Cambridge University Press, 12+382 Seiten.

23. Jeffries, M. und Mills, D., 1990. Süßwasserökologie. Principles and Applications. pp: 335 337. Belhaven Press, London und New York

24. J.E.Rakocy, A.S.McGinty, 1989. Pond culture of tilapia, SRAC Publication, United States,280,

25. Jhingran V.G. (1988). Fish and fisheries of India, Hindustan Publishing Corporation (India), Delhi,

26. Join B. G. (2004). Wasserqualität, PETCO animal supply inc.

27. Kasangaki, A., Champan L.J und Balirwa J., 2008. Landnutzung und die Ökologie benthischer Makroinvertebratengemeinschaften in hoch gelegenen Regenwaldbächen in Uganda. Süßwasserbiologie (2008) 53: 681697.

28. Klontz, G. W. 1993. Epidemiologie. In:Stoskopf, M.K. (ed.) Fish Medicine. W.B. Saunders, Philadelphia, US. S. 210-213.

29. Koloanda R.J., und Oladimeji A.A., 2004. Wasserqualität und einige Nährstoffwerte im Shiroro See, Niger State, Nigeria. Journal of Aquatic Sciences, 19, 2: 99 - 106.

30. K.R.Matthews, 1990. Environmental Biology of Fishes, 29, 161-178.

31. Lloyd, R., 1992. Verschmutzung und Süßwasserfische. West By fleet: Fishing News Books.

32. Lowe-McConnell, R.H., 1987. Ecological Studies in Tropical Communities. Cambridge University Press, S. 12-382

33. Mallya Y. J., 2007. The effects of dissolved oxygen on fish growth in aquaculture, UNU-Fisheries Training Programme , Island.

34. Matthews, K.R. 1990. Eine experimentelle Studie über die Lebensraumpräferenzen und

Bewegungsmuster von Kupfer-, Buckel- und Braunem Steinfisch (Sebastes spp.). Umweltbiologie Fische 29:161178.

35. Merle G. Galbraith, Jr. und James C. Schneide, 2000. Handbuch der Fischereierhebungsmethoden II, S. 14

36. Mushahida-Al-Noor1, S., und Kamruzzaman, Sk., 2013. Spatial and Temporal Variations in Physical and Chemical Parameters in Water of Rupsha River and Relationship with Edaphic Factors in Khulna South Western Bangladesh. Internationale Zeitschrift für Wissenschaft und Forschung (IJSR), 460 - 467

37. Nadeem S., (1994). Studies on the effect of seasonal changes on physico-chemical parameters of Indus river water, M.Sc. Thesis, Chemistry department, B.Z. University, Multan,

38. Lloyd, R. 1992. Verschmutzung und Süßwasserfische. West Byfleet: Fishing News Books.

39. Ohle W., 1934. Chemische und Physikalische untersuchungen Nordeutscher seem, Arch. Hydrobiol, 26:386, 464.

40. Ojutiku R.O., und Koloanda R.J., 2011. Zeitliche und räumliche Schwankungen einiger physikalisch-chemischer Parameter des Flusses Chanchaga, Niger State, Nigeria. Journal of Applied Biosciences 47: 3242 32455

41. Qualitätskriterien für Wasser, U.S. Environmental Protection Agency, (1986). EPA#440/5-86-001.

42. Salmaso, N. 2002. Ecological patterns of phytoplankton assemblages in Lake Garda: seasonal, spatial and historical features. Zeitschrift für Limnologie, 61/1: 92-115.

43. Shinde Deepak und Ningwal Uday Singh, 2014. The Relationship between Physico-chemical Characteristics and Fish Production of Mod Sagar Reservoir of Jhabua District, MP, India, Res. J. Recent. Sci., Vol. 3, 82-86.

44. Svobodová, Z.; Lloyd, R.; Máchová, J.; Vykusová, B. (1993). Wasserqualität und Fischgesundheit. EIFAC Technical Paper. No. 54. Rom, FAO, S. 59

45. Swarnalatha N. und Rao A.N., (1998). Ökologische Untersuchungen des Banjara-Sees unter Berücksichtigung der Wasserverschmutzung, J. Env. Biol., 19:2,179-186

46. Yadav G., (2002). Variation der Chloridkonzentration in einem Teich in Fatehpur, Sikri, Agra. Geobios, 29, 197-198

47. Thomas Popmal und Michael Masser, 199. Tilapia Life History and Biology, SRAC Publication No. 283, pp1-4

48. Tushar K. G. (2012). A study of water quality parameters to better manage our ponds or lakes, International Journal of Latest Research in Science and Technology, India, Vol.1, 4: Pp .359-363

49. Vijverberg, J., Eshete, D., Abebe Getahun und J. Nagelkerke, L. (2012). The composition of fishes communities of nine Ethiopian lakes along a north-south gradient: threats and possible solution, Animal Biology, Niederlande.

50. Viveen, W., Richter, C., van Oordt, Janssen,J. und Huisman,E. (1985). Praktisches Handbuch für die Zucht des Afrikanischen Welses (Clarias gariepinus). Generaldirektion Internationale Zusammenarbeit des Ministeriums für Auswärtige Angelegenheiten, Den Haag, die Niederlande. S. 94.

51. Whitfield A.K., 1998. Biologie und Ökologie von Fischen in südafrikanischen Flussmündungen. Ichthyological. Monographien des J.L.B. Smith Instituts für Ichthyologie, Nr. 2.

52. Weltgesundheitsorganisation (WHO) (1993): Richtlinien für die Qualität des Trinkwassers. Revision der Richtlinien von 1984. Abschließende Sitzung der Arbeitsgruppe. Genf, 21. und 25. September.